假如动物会说话

我是这样长大的

绘世乐童 / 著
小乖 / 绘

北京理工大学出版社
BEIJING INSTITUTE OF TECHNOLOGY PRESS

CONTENTS

兽中之王——老虎

“哇唔——”我是森林里的“万兽之王”！我身高力大，凶猛敏捷。我的额头上写着个“王”字，我站在山冈之上，百兽都会远远地躲着我。

我刚出生的时候大概只有1千克重，和一只猫差不多大。不过，我成长迅速，一周就睁开眼睛，一个月后锋利的牙齿也长出来了。我会和妈妈生活三年，学习各种生存本领，之后就会离开妈妈的怀抱。有了健壮的身躯和坚强的意志，我就可以独自闯荡天下了。

我会在森林里划定自己的领地，吼叫着宣告，还会在领地上尿尿，告诉其他动物这里已经有主人了。谁要是闯入我的势力范围，我可不会客气！

我三四岁的时候就会与心爱的虎太太成家，生育一群虎宝宝，并常常带着他们去看望我的妈妈。我会和我的兄弟们联合作战捕猎，一同分享战利品。

小朋友们，你们也要记得常常去看望自己的妈妈，还有妈妈的妈妈，爸爸的妈妈。

长鼻子大力士——大象

我是大象，陆地上最大的哺乳动物。我的大耳朵像扇子，粗壮的腿像柱子，我的长鼻子就像人类的手一样灵活，是最有力的自卫和取食工具，它可以举起一吨重的货物，也能捏起一粒小花生。我的皮层很厚，蚊虫拿我都没办法，我的象牙可是防御敌人的重要武器。

我们大象喜欢一大家子一起生活，由象妈妈做首领，安排我们的行动路线、觅食地点、栖息场所。象爸爸们在队伍最后担当警卫。一旦有敌害，象爸爸们会奋不顾身地冲上去。我们大象是站着睡觉的，这是一种自卫的本能。因为我们这么庞大的身躯要爬起来会很费功夫。象妈妈每隔 3~4 年才能生一只小象，像人类的母亲一样，象妈妈也非常疼爱小象。我刚刚出生的时候身体很弱，四肢没有力气，妈妈就用鼻子扶着我站立起来。象群会原地停留两三天，等象宝宝能够行走，才继续前行。如果象群中有谁生病走不动快要掉队了，别的象会用鼻子“搀扶”他，让他不倒下，或是停留下来等他。

小朋友，你和你的小伙伴之间也像我们象群这样团结友爱吗?

凶猛强悍的狮子

我是狮子。生活在辽阔的草原和森林，是“草原之王”。

我们身上的毛短短的，雄狮有着很长很浓密的鬃毛，从脖子一直延伸到腹部。雄狮的鬃毛越长、颜色越深，就越受雌狮的欢迎。我们的耳朵又短又圆，爪子很宽，这让我们在捕捉猎物时更加敏捷。

当我还是小狮子的时候，身体是很柔弱的，需要和狮群生活在一起，雄狮负责保卫小狮子和雌狮，雌狮负责照顾小狮子。有敌人入侵时，或者有陌生狮子经过，哥哥们会咆哮着警告来者，好像在说：“请勿接近，否则格杀勿论！”每个狮群都有一位王者，爸爸曾说，我们长到五六岁的时候，就要彼此决出胜负，出现新的狮王。

我们狮群的成员一般会分散成几个小群体在大草原上活动，只有捕猎或者吃饭的时候大家才汇集到一起，

共同合作，一起分享。

捕猎的时候，我们会分散开围成一个扇形，在猎物惊慌奔逃的时候捕捉落在后面的家伙。捉到的猎物，首先要给狮王吃，然后给保护大家安全的雄狮吃，再给照顾小狮子的雌狮吃，最后才给吃得最少、身体最弱的小狮子们。吃饱了后，我们要休息好几天，打滚、睡觉，享受饱餐之后的美好时光。

小朋友，当你和亲爱的家人在一起吃饭的时候，你觉得应该让谁先吃呢？

中国的国宝——大熊猫

我是中国的国宝——大熊猫！我的身体胖嘟嘟的，全身由黑白两色组成，天生爱吃竹子。

我刚刚出生的时候，全身湿漉漉的，没有毛，体重和一颗鸡蛋差不多。但是我长得很快，半年后就可以长到 15 千克。因为我们吃得多，一天能吃掉 20~30 千克的竹子，所以我们个个都是“大胃王”啊！

我跟着妈妈一起在竹林中生活。哥哥一岁的时候，就会离开我和妈妈独自去生活，因为妈妈没有精力照顾两个熊猫宝宝。我们性情温顺，初次见人都用前掌蒙着脸，或是把头低下。我们很少主动攻击其他动物或人。如果熊猫宝宝遇到了危险，妈妈会挺身而出，她的攻击力能让黑熊和豹子都颤抖。

我生活在四川西北部的高山密林里，那里凉爽舒服，还有片片竹林。听妈妈说，我们的祖先在 1200 万年前就在地球上生活了，和剑齿虎、猛犸象比邻而居。那时候地球上气候比较湿润，食物丰富。随着气候变化和人类的活动，大熊猫可以生活的地方越来越少。而我们当年的邻居，猛犸象

和剑齿虎，已经在地球上灭绝了。这也是人类将我们命名为“动物的活化石”的原因。

小朋友，良好的生态环境是我们熊猫生长繁衍的温床，保护环境从你做起哦！

敏捷矫健的金钱豹

我是一个毛色鲜艳的帅哥，全身布满黑色的斑点，远远看去，像中国古时候的铜钱一样，所以大家叫我“金钱豹”。我小的时候，斑点还有些模糊，绒毛也是深黄色，等我长大了，皮毛就会像妈妈一样，美丽又威风。

我与兄弟姐妹和妈妈一起生活在草原上。晚上，妈妈将我们藏在草丛中，自己出去捕猎。妈妈是草原上最美丽的“捕猎手”，她经常在清晨或者黄昏行动，悄悄跟在猎物身后，然后快速追赶他们，一个冲刺将猎物绊倒咬住，带回来给孩子们分享。等我们大一点了，妈妈就带着我们一起出去捕猎。我们是陆地上奔跑速度最快的动物。但我们耐力不好，在 500 米内没有追到猎物，我们就会放弃。我们会把吃剩下的猎物拖到树上挂起来，保护好美食留着自己慢慢享用。

妈妈是我们的保护伞，时时刻刻守着我们。告诉你一个秘密，我们从来没见过自己的爸爸，也不知道爸爸是谁，好遗憾啊！我长大了才明白，这是大自然赋予我们金钱豹的一种生存方式。

小朋友，你喜欢和爸爸一起玩吗？你要珍惜这样的美好时光哦。

聪明勇敢的狼

我是一匹来自北方的狼，聪明勇敢，听力敏锐，目光炯炯。我们成群结队地奔跑在大地上，在沉寂的黎明或者昏暗的傍晚仰天长嗥“嗷——”。我的声音让你们毛骨悚然了吧？

我的外形和狗很像，个头比狗稍大，脸更长，耳朵直立着。我们的适应能力很强，山地、林区、草原甚至冰冻的平原上都有狼群的存在。

我们狼群非常团结，七八匹，甚至三十匹一起出没。小狼宝宝先在洞穴里生活，受到整个族群的照顾。三四个月大的时候，小狼就可以跟随爸爸妈妈一起去猎食，半岁以后就是独立的男子汉了。

人类常常说狼凶猛，但我骄傲地说这是大自然赋予我们的生存本能。我们狼会团结一心群力合作、

以围攻堵截的方式追捕猎物。我们奔跑速度快，耐力好，智商高。可以通过气味、叫声、肢体动作进行沟通。狼族的肢体语言很厉害，这是我们独特的交流方式。

小朋友，你们知道狼有哪些本领了吗？

狡猾的狐狸

我是狐狸福克斯，看我浓密的皮毛多高贵。我明亮的眼睛可以看得很远，耳朵可以听到你们人类听不到的声音。

我刚出生时闭着眼睛，全身黑灰色，只有鼻尖是粉红色的，像一只小老鼠，要依靠妈妈保护和喂养。一个月后，我慢慢能站起来了，眼睛也睁开了，还长出浅棕色的毛。两个月后，谁看到我都会说：“看，多漂亮的小狐狸！”但是这时候我走路还摇摇晃晃，需要时刻待在妈妈身边。长大后我会长出胡须，耳朵也会变尖，我通过奔跑、跳跃等锻炼方式练出肌肉，使全身充满力量。

我是肉食动物，我爱吃鼠类、鱼、蛙、蚌、虾、蟹、蚯蚓、鸟类等，偶尔会吃一些草或青菜来帮助消化。我们狐狸通常独自居住，狐狸

妈妈会带着几只宝宝一起住在洞穴之中，还会设置好几个逃生路线和出口。

我们很有智慧：碰上刺猬，会把它拖到水里，它蜷缩的身体在水里展开就不会刺伤我了；捕捉水里的鸭子，我们会用大把枯草做掩护，潜下水等待机会捉住它。你看，我们狐狸是多么聪慧和狡黠啊！

爱喝水的斑马

我是斑马，住在非洲的大草原上。我们的身上，除了肚子以外，都布满了黑白色的条纹。城市马路上的斑马线就是模仿了我们身上的条纹。

斑马宝宝身上的条纹早在妈妈肚子里的时候就有了。这些条纹不仅漂亮，也是同类之间相互识别的标志。

我们斑马是一种有情有义的动物，大斑马会悉心照料小斑马，也会贴心照顾年老体衰的老斑马。童年的我们追逐嬉戏，和大斑马们撒娇、学本领。长大了以后我们就会离开斑马群落独自生活，去

无边无际的草原上闯荡。我的爸爸是群落中的领袖，它是我们这个斑马群落中唯一的雄性，它带领着我的妈妈和其他几匹雌性斑马，以及小斑马和老斑马四处迁移，寻找充足的水源和丰润的草地。当我们遇到敌人的时候，爸爸会勇敢地承担起领导者的职责，

指挥大家屁股朝外围成一个圆圈，将小斑马和老斑马围在中间，爸爸妈妈则用攻击力强大的后腿毫不留情地打击我们的敌人。

我们大多时候很温和，性情谨慎，但很难被驯服。我们通常会结成小群游荡，一有危险，负责警戒的斑马就会发出长嘶的警告信号，大家会马上停止进食，迅速逃跑。

小朋友，你们知道如何照顾老人和比你们年幼的小朋友吗？

坐在树上的树袋熊

我是树袋熊，生活在澳大利亚。我还有一个名字叫“考拉”，意思是“不喝水的熊”。我会从桉树叶中获得水分，所以平时不用特意喝水。

我穿着灰色的“皮袄”，四肢修长强壮，擅长在树枝间攀爬。我屁股上的皮毛又厚又密，能长时间坐在树上。我还是“睡觉大王”，每天要睡18~20个小时，睡醒就吃树叶，吃完又睡，有时会边吃边睡，好幸福啊。

我刚出生的时候不足1寸，体重才5克，还没有一颗鸡蛋重呢。那时我吃不了桉树叶，只能吃妈妈排出来的半流质食物，像人类喝粥一样。等我5个月大的时候，就能逐渐爬出育儿口袋，喝妈妈的奶水，也吃一点桉树叶。等我长大了，妈妈的育儿袋装不下我了，我就趴在妈妈的背上。如果遇到危险，我会将头部扎到妈妈的育儿袋里，那里是世界上最安全的地方。如果妈妈再生小考拉弟弟的话，我就要离开妈妈，独自开创属于自己的家园。

当考拉老了，就抓不住树干了。因此很多老年的考拉一旦睡着，又抓不住树干就会被摔死。我们就是这样一代又一代在树林中生活的。

小朋友，你们是不是也和我一样吃了睡、睡了吃呢？

耐旱的骆驼

我叫凯玛，是一只小小的双峰骆驼。看我背部的驼峰，像不像连绵着的两座山峰？

成年的我会跟着驼群一起吃东西、饮水，一起背负着人类的货物缓缓地行走在沙漠之中。我们的脚掌又宽又厚，在沙漠上行走时，脚趾分开，不会陷进松软的沙子里去。我们经常在水草丰盛的地方吃饱喝足，把一部分养料变成脂肪贮藏在驼峰里；缺乏食物的时候，我们就用驼峰里的养料来维持生命。我有三个胃，其中一个胃里有许多瓶子形状的小泡泡，用来贮存水。这样我可以在没有水的条件下生存两周，没有食物也可以生存一个多月。

我们骆驼性情温顺，嗅觉和视觉都很灵敏，不仅能迅速察觉远处的水源，而且还能够预知风暴。我们能在沙漠里给人们带路。风暴来临之前，我们会自动跪下，让人们预先做好准备。风沙来时，我会把鼻孔紧闭起来，不让沙粒进入鼻孔。我们是沙漠里重要的运输工具，是当之无愧的“沙漠之舟”。

小朋友，在沙漠里的时候注意观察我们骆驼的一举一动，对预测天气是非常重要的，说不定能躲过一场凶猛的沙尘暴呢！

性情温顺的羊驼

我是一只生活在海拔 4000 米高原上的小羊驼，我性情温顺，伶俐可爱。我的模样既像骆驼，又像绵羊，所以人们叫我羊驼。说我有点像骆驼，因为我的脖子长，脚掌是肉质的，走路的姿态也像骆驼，胃里也有一个水囊，可以好几天不喝水。但是我身体较小，尾巴短，背上没有肉峰，四肢很细，脚的前端有弯曲而尖锐的蹄，还有一双清秀的大眼睛。所以，我又有点像绵羊。

羊驼妈妈一次只能生下一只小羊驼，大家一起生活以保证小羊驼的安全。山林中经常能看到 200 头以上的羊驼生活在一起。我们警觉性很高，在吃草的时候，总要派一只或数只担任警卫。我们也能预知天气变化，每次遇到暴风雨来临，“警卫员”就会带领大家向安全的地方转移。

我的性情很温顺，胆子小，如果有人喂我，我一定要等人走开后才去吃，即使是熟悉的主人也是如此。但是，遇到不顺心的事我也会发脾气哦，那时我会从鼻子里喷出分泌物或向别的动物脸上吐唾沫，以此来发泄胸中的不满；当我感到痛苦的时候，又能像骆驼一样发出悲惨的声音。我的听觉很敏锐，可以靠它来发现敌情，及早地决定逃跑的去向。

小朋友，你觉得我们羊驼吐唾沫的习惯好不好呢？

北极的主宰——北极熊

我是一只憨态可掬的北极熊，陆地上最大的食肉动物。我住在世界的最北端——北极。

我与弟弟、妈妈一起生活在洞穴里，我两个月大的时候，就可以站起来走路了。等我们长到四个月大的时候，妈妈会带我们去外面锻炼自己，学习本领，晚上再回到洞穴中休息。等我们三岁时，就可以离开妈妈独立生活了。我们食量很大，一次能吃很多东西。一个地方是没有那么多东西给一群北极熊吃的，所以，我们都独来独往。

我热爱美食，我能闻到几千米以外燃烧动物脂肪发出的美味。我还会把没有吃完的食物藏起来等以后再吃。有时候我仅仅吃掉动物脂肪就离开了，因为脂肪能够保暖，能帮助我储存能量。对于我们北极熊来说，高热量的脂肪比肉还重要呢！

告诉你我不怕冷的秘密，我的毛都是中空的小管子，这是我们北极熊独有的秘密武器哦！这些小管子是我收集热量的天然工具，这样的构造可以把阳光反射到毛发下面的黑色皮肤上，有助于吸收更多的热量，有了它，我就能抵御北极的严寒。

小朋友，你知道关于太阳能的相关知识吗？

大草原的消防员——犀牛

我是一只小犀牛，四肢短小、身体粗壮结实。我们的身上像披着铠甲；头上有实心的独角，角脱落以后仍然能够复生；我尾巴又细又短；我的眼睛很小而且近视，但我有敏锐的听觉和嗅觉。伙伴们都是利用声音来交流的。我们哼哼、咆哮、怒号，打架时还会发出呼噜声和尖叫声。

我现在和妈妈在一起。我听说我有一位大我五岁的哥哥，它在三岁的时候就离开家独立生活了。我们胆子很小又贪睡，喜欢独居。犀牛妈妈在生产和哺育犀牛宝宝的时期会特别警惕，闻到一点点异常气味或者听到一点异常的声音就会立即进入战斗状态，对踏入我们领地的“坏家伙”展开进攻，快速地冲过去，用角和庞大的身躯赶走或杀死它们。

我们的皮肤是现存所有陆生动物中最结实的，连普通的手枪子弹都打不穿，但是褶缝里的皮肤十分娇嫩，常有寄生虫在里面生活，为了赶走这些虫子，我们要常在泥水中打滚抹泥。我的朋友犀牛鸟经常停在我们背上帮我们清除寄生虫。遇到突发状况，犀牛鸟会骤然起飞，大声啼叫，好像在向我们报警说：“朋友，注意啊！朋友，注意啊！”

小朋友，你的好朋友是谁呢？你们也经常相互帮助吗？

高原之舟——牦牛

我是牦牛，住在中国的青藏高原，是世界上生活在海拔最高处的哺乳动物，也是高寒地区特有的牛。我的肩膀高高隆起。粗壮有力的四肢和宽厚的脚掌能让我迈着稳健的步伐上高山、下冰河。

我们牦牛身体上的皮毛短而光滑，体侧、肚子和尾巴上的毛长长

地垂下来，很威风呢！而且这身皮毛能耐住严寒。牦牛被驯养后，是高原上重要的交通工具，可以帮助牧民背负重物，有“高原之舟”的美称。

牦牛妈妈每次能生下一头小牦牛，小牛一岁后断奶，在群落中和大家一起生活。我们群落非常庞大，足足有上百头呢！小牦牛会得到大家的照顾，有些雄性的牦牛老了以

后，脾气会非常孤僻，常常三四头在一起独自行动。但群落里的青年牦牛还是会照顾他们，将食物与他们分享。我们在高原上的敌人是野狼，每次遇到危险，大家会团结起来，将小牦牛和老牦牛保护在中间，强健的公牦牛站在最外围和野狼拼搏。当牦牛群被激怒时，会发出凌厉的怒吼，快速地冲向野狼，把他们赶走。

小朋友，你到了西藏会常听人们谈起“西藏第一大美女”：大眼睛，双眼皮，高跟鞋，超短裙。你猜到她是谁了吗?

图书在版编目（CIP）数据

我是这样长大的／绘世乐童著；小乖绘. —北京：北京理工大学出版社，2017.6
（假如动物会说话）
ISBN 978－7－5682－3894－6

Ⅰ. ①我… Ⅱ. ①绘… ②小… Ⅲ. ①动物—儿童读物 Ⅳ. ①Q95－49

中国版本图书馆CIP数据核字（2017）第072469号

出版发行／北京理工大学出版社有限责任公司
社　　址／北京市海淀区中关村南大街5号
邮　　编／100081
电　　话／（010）68914775（总编室）
（010）82562903（教材售后服务热线）
（010）68948351（其他图书服务热线）
网　　址／http: //www. bitpress. com. cn
经　　销／全国各地新华书店
印　　刷／北京市雅迪彩色印刷有限公司
开　　本／889毫米×1194毫米　1／16
印　　张／2.25
字　　数／40千字
版　　次／2017年6月第1版　2017年6月第1次印刷
定　　价／35.00元

责任编辑／杨海莲
文案编辑／杨海莲
责任校对／周瑞红
责任印制／李志强